CONSEILS
AUX MAGNANIERS
DE
LA NOUVELLE ÉCOLE SÉRICICOLE,

PAR M. E. ROBERT (DE Ste-TULLE),
Membre de plusieurs Sociétés Savantes;

SUIVIS

D'UNE NOTE SUR LA VENTILATION DES MAGNANERIES,

PAR M. LE COMTE H. DE VILLENEUVE,
Ingénieur des mines et membre de plusieurs Sociétés savantes.

PRIX : 2 FRANCS.

MARSEILLE.
ADOLPHE BARLATIER, éditeur, 19, Canebière.
Veuve CAMOIN et les principaux libraires.
Aix et Arles, AUBIN ; Digne, REPOS; Manosque, AUDIBERT.

1839.

CONSEILS
AUX MAGNANIERS
DE
LA NOUVELLE ÉCOLE SÉRICICOLE,

PAR M. E. ROBERT (DE Ste-TULLE),
Membre de plusieurs Sociétés Savantes;

SUIVIS

D'UNE NOTE SUR LA VENTILATION DES MAGNANERIES,

PAR M. LE COMTE H. DE VILLENEUVE,
Ingénieur des mines et membre de plusieurs Sociétés savantes.

MARSEILLE.
ADOLPHE BARLATIER, éditeur, 19, Canebière.
Veuve CAMOIN et les principaux libraires.
Aix et Arles, AUBIN; Digne, REPOS; Manosque, AUDIBERT.

1839.

MARSEILLE.
Typographie des hoirs Feissat aîné et Demonchy, 19, Canebière.

AVIS DE L'ÉDITEUR

AUX

EDUCATEURS DE VERS A SOIE.

A mesure que l'industrie séricicole fait de nouveaux progrès, les éducateurs de vers à soie sentent de plus en plus le besoin d'un ouvrage élémentaire qui serve de guide à ceux qui ont déjà adopté les méthodes nouvelles, et permette aux personnes qui n'ont pu encore en faire l'application de ne pas se tenir trop éloignées du progrès, en faisant usage de tout ce qui, dans ces nouvelles méthodes, leur est applicable et tend à leur procurer de plus beaux résultats. Cet ouvrage vivement désiré remplira une lacune et satisfera un besoin réel. Aussi tout fait-il espérer qu'il ne se fera pas attendre long-temps encore. Rien en effet ne prouve plus ce besoin que les nombreuses demandes qui en ont été faites, soit au Directeur des Annales Provençales, soit à M. Eugène Robert, qui s'occupe spécialement, dans ce recueil, et avec tant de succès, de cette partie importante pour la Provence de l'agronomie.

Mais une œuvre semblable ne saurait être faite à la hâte ; il faut que celui qui entreprendra cette tâche se livre à de nombreuses investigations, que son écrit en soit non-seulement le résumé, mais encore en grande partie le produit de sa propre expérience.

En attendant la publication d'un ouvrage qui traite d'une manière complète cet important sujet, nous avons cru faire une chose utile au public, en lui offrant dans une brochure à part un article publié par M. Eugène Robert dans les Annales Provençales, dans lequel il semble jeter les premiers rudimens d'un ouvrage plus étendu, et faire pressentir qu'il a l'intention de remplir un jour la lacune que nous venons d'indiquer. Personne mieux que lui, par les connaissances acquises dans une longue pratique, n'est à même d'accomplir une tâche aussi importante, lorsque les préoccupations de l'atelier lui en laisseront le temps.

En empruntant cet article aux Annales nous avons dû, pour bien faire apprécier la supériorité des méthodes nouvelles, le faire suivre des excellentes notes sur la ventilation rédigées par M. le comte de Villeneuve, ingénieur des mines. Ce travail corollaire obligé de celui de M. Eugène Robert, est très-propre à faire cesser toute hésitation de la part de ceux qui balancent encore entre le procédé Dandolo et celui de l'école séricicole française. En effet, comment se soustraire à l'heureuse influence de l'écrivain, praticien intelligent, alors que ses conseils sont appuyés par les preuves rigoureuses des calculs du savant ?

INDUSTRIE SÉRICICOLE.

Je suis bien en retard avec les lecteurs des *Annales*, à qui je dois le compte-rendu des faits et des publications séricicoles les plus remarquables de l'année. Je m'empresse de reconnaître aussi qu'ils sont en droit de réclamer de moi l'exécution ou au moins le commencement d'exécution d'une promesse déjà un peu ancienne, et que je viens rappeler ici pour leur montrer que je suis loin de chercher à décliner mes engagemens envers eux, tout en leur présentant ce qu'on appelle, en style de palais, une exception dilatoire, dont les motifs seront facilement appréciés.

Je suis obligé de renvoyer à une livraison prochaine la *Revue Séricicole*, parce que la saison des vers à soie allant arriver, il est absolument nécessaire de donner dans celle-ci une *instruction pratique* à l'usage des éducateurs qui ont adopté, en tout ou en partie, les méthodes de l'école séricicole nouvelle. Le grand nombre de lettres et, par suite, de questions qui m'ont été adressées depuis le mois d'août dernier de presque tous les départemens du Midi, m'a convaincu de la nécessité de rédiger une instruction de cette nature, en me prouvant clairement que la plupart de celles qui ont été publiées jusqu'à ce jour dans divers recueils n'ayant le plus souvent point été écrites par des praticiens, ont manqué complétement leur but, et ont amené le découragement là où elles n'auraient dû réveiller qu'une noble émulation et l'espérance du succès.

Quant à la discussion comparée des principales méthodes séricicoles, elle fera le sujet, comme je l'ai annoncé, d'une série d'articles qui, réunis ensemble, pourront former un ouvrage particulier dont le besoin semble se faire sentir dans les circonstances au milieu desquelles nous nous trouvons. Toutes les personnes qui s'occupent d'industrie séricicole comprendront que cette industrie subit en ce moment des transformations trop radicales et encore trop peu éclairées par l'expérience, pour qu'il ne fût pas téméraire de l'aborder immédiatement. Dans l'impossibilité d'apprécier encore avec exactitude la situation et l'avenir d'une science dont les rapides progrès soulèvent à chaque instant des questions imprévues, dont la solution est bien loin d'être trouvée, les *Annales Provençales*, qui se recommandent aux cultivateurs par leur titre essentiellement *pratique*, rempliront en attendant la mission qui leur est imposée, en racontant les expériences et les découvertes dont la connaissance pourra être utile, et en mettant un soin particulier à écarter tous les obstacles, de quelque nature qu'ils soient, qu'apportent les opinions les plus contradictoires sur la voie du progrès si heureusement ouverte depuis quelques années.

Au moment où les éducations de vers à soie vont commencer, j'éprouve le besoin d'adresser aux éducateurs de Provence, quelques conseils écrits avec la plus complète franchise, en les priant de ne les considérer que comme le résultat des expériences les plus consciencieuses, des observations les plus minutieuses recueillies dans mon atelier ou dans les ateliers que j'ai souvent l'occasion de visiter, et surtout comme un témoignage de ma sincère reconnaissance, pour les nombreuses marques de confiance dont ils ont bien voulu m'honorer jusqu'ici.

CONSEILS AUX MAGNANIERS DE LA NOUVELLE ÉCOLE.

Avant d'entrer dans les détails de l'éducation des vers à soie, je dois attirer l'attention des éducateurs sur les quelques considérations suivantes, qui sont les préliminaires obligés de tout ce que je vais dire.

Lorsqu'une question importante est agitée, lorsque la discussion s'échauffant chacun y apporte un légitime désir de voir triompher son opinion, la question souvent se déplace, sort peu à peu du domaine de la saine critique, et finit par tomber de part et d'autre dans l'exagération, c'est-à-dire, dans le faux. Pour ramener la question sur son véritable terrain, quand on assiste à la lutte en témoin impartial, il suffit d'y planter de distance en distance quelques jalons lumineux, propres à servir de points de départ et de guide dans le courant de la discussion. Or, il ne faut pas craindre de l'avouer, cela peut maintenant trouver son application dans notre Provence en matière d'industrie sericicole; nous en sommes à l'exagération, nous touchons au faux, et il est de notre devoir de ramener cette industrie sous son véritable point de vue, en la dégageant de toutes les complications inutiles, dont une fausse interprétation des nouvelles méthodes les a depuis quelque temps entourées.

Pour apprécier convenablement les faits, remontons à l'origine du mouvement imprimé par la propagation des méthodes nouvelles. Ces méthodes étaient offertes à deux sortes de propriétaires : les premiers, et ceux-ci étaient les moins nombreux, à ceux qui s'étaient livrés jusqu'à ce jour à l'éducation des vers à soie à l'aide de méthodes plus ou moins rationnelles, plus ou moins perfectionnées; les seconds, au contraire, à ceux qui n'ayant jamais fait de vers à soie par eux-mêmes, manquaient des connaissances les plus vulgaires dans cet art. Les uns ont dû naturellement accueillir les méthodes nouvelles avec une prévention à laquelle un peu de jalousie n'est pas toujours restée étrangère, tandis que ceux qui parmi les autres ont pu secouer leur indifférence habituelle, et qui ont cru apercevoir dans leur application une nouvelle source de revenus, les ont adoptées sans être trop fixés sur la portée des réformes qu'elles introduisaient dans l'art du magnanier. Bientôt la discussion s'est engagée, un grand nombre d'éducateurs y ont apporté un talent remarquable et le fruit d'une longue pratique; tous ont fait preuve de zèle et de bonne volonté, et ont déployé cette chaleur de controverse si naturelle aux habitans du midi. Eh bien! il faut le dire avec franchise, les uns et les autres ont nui à la propagation des méthodes nouvelles, dont il ne fût pas resté le moindre vestige, si elles n'eussent renfermé en elles-mêmes une force virtuelle, propre à les défendre également contre les attaques de leurs ennemis et contre la maladresse de certains de leurs amis. La pratique routinière s'efforçant de cacher son défaut absolu de méthode et de raisonnement, avait mis l'industrie aux abois, le défaut absolu de pratique agissant sous l'influence de la réaction de l'esprit de système, a failli compromettre de nouveau ses intérêts. De part et d'autre on a beaucoup trop oublié que les méthodes rationnelles réclament toujours par leur essence même une application intelligente plus ou moins subordonnée, comme toutes les bonnes méthodes agricoles, aux circonstances dans lesquelles on se trouve. Les partisans des nouvelles méthodes ont surtout fourni des armes puissantes à leurs adversaires, en trop perdant de vue que la simplicité d'exécution, et par suite, le bon marché, est la condition vitale de tout progrès en agriculture, parce que l'agriculture est une industrie essentiellement populaire, et qu'en conséquence tout progrès qui ne peut pas arriver au petit propriétaire est plus ou moins frappé de stérilité. Les véritables amis des méthodes nouvelles sont donc incontestablement ceux qui cherchent à leur donner la popularité qui leur a manqué jusqu'à ce jour, en s'attachant principalement à la simplification des moyens d'exécution, et en imitant le noble exemple donné par MM. C. Beauvais et Darcet, qui n'ont voulu accepter que la reconnaissance publique pour prix de leurs ingénieuses découvertes. En applanissant les voies, en les rendant accessibles aux grands et aux petits propriétaires tout à la fois, on rend un véritable service à l'industrie, et on donne aux méthodes nouvelles et à leurs savans inventeurs une popularité qui doit inévitablement tourner à l'avantage du pays.

Vivement pénétré de ces idées, qui m'étaient inspirées par les difficultés matérielles que rencontrait l'établissement des nouvelles méthodes séricicoles, je me suis efforcé, en me livrant à l'analyse des procédés perfectionnés qu'elles enseignent, d'en éclairer la pratique par de nombreuses expériences tendant à l'application des moyens d'exécution économiques, toujours par leur extrême simplicité, à l'abri *des brevets d'invention*. Pour appeler chacun suivant ses moyens à la jouissance des perfectionnemens apportés par la science et l'observation à l'art d'élever les vers à soie, j'ai tâché de me prémunir autant que possible contre l'exagération de l'esprit de système, en séparant complétement dans les nouvelles méthodes tout ce qui est encore à l'état d'expérience, de ce qui est irrévocablement acquis à la science; en admettant enfin la *division* des nouveaux procédés, quoique je m'empresse de déclarer que leur *réunion* forme, suivant moi, son état le plus avancé. En effet, parce que l'application du système complet n'est pas à la portée des moyens pécuniaires d'un grand nombre de petits éducateurs, de mégers de vers à soie, faut-il qu'ils restent privés des bienfaits des procédés de la nouvelle école, d'une exécution possible et même facile pour eux? Faut-il hérisser de difficultés la pratique de certains éducateurs peu expérimentés encore, en leur recommandant de ne tenir aucun compte des circonstances au milieu desquelles ils se trouvent, et surtout de sacrifier leur récolte plutôt qu'un principe? Si les Rédacteurs des *Annales* tenaient ce langage aux agriculteurs de leur pays, ils ne mériteraient plus leur confiance.

Analysons donc les méthodes de l'école nouvelle, faisons-en ressortir les parties essentielles et fondamentales, indiquons d'abord ce qui est à la portée de tous les éducateurs, puis ce qui n'est à la portée que d'un certain nombre, disons comment on peut commencer à se mettre sur la voie du progrès, comment on peut y marcher avec assurance, et comment on peut s'avancer vers la perfection. Que chacun puisse trouver dans nos indications des conseils applicables à sa position particulière, que chacun puisse s'approprier la partie du système qui répond le mieux à ses ressources, et que tous soient en progrès !

I. Indication des procédés de la nouvelle école qui peuvent être immédiatement adoptés par tous les éducateurs de vers à soie.

1° *Aération des ateliers.* — Le principe le plus essentiel de l'éducation des vers à soie consiste à introduire dans l'atelier le plus d'air pur possible, à le renouveler fréquemment pour enlever toutes les émanations pernicieuses qui peuvent compromettre le sort de l'éducation. Je me bornerai donc à dire en général à tous les éducateurs grands et petits : ayez un atelier avec de l'air pur; placez-le sur une colline ou au bord d'une rivière, employez tous les moyens que vous jugerez les plus convenables, mais ayez de l'air pur.

2° *Choix d'une bonne graine.* — Prenez ensuite une bonne graine faite avec soin par vous-même ou par une personne connue pour la faire convenablement; ayez soin de la conserver pendant toute l'année exposée autant que possible à l'air, dans un lieu frais et jamais humide. Non-seulement le succès de l'éducation dépend de ce principe, mais encore il a été démontré l'année dernière par les diverses expériences faites à la magnanerie de Sainte-Tulle, *que le degré de réussite d'une éducation de vers à soie est constamment proportionné au degré de conservation de la graine.*

3° *Éclosion rapide. — Choix de vers nouvellement éclos.* — Évitez toujours de macérer la graine en la portant sur vous pour la faire éclore; faites-la éclore à l'étuve, c'est-à-dire, dans un petit cabinet où se trouve un poêle dont vous réglerez la chaleur, en produisant d'abord 14° de température, en l'élevant chaque jour d'un degré à un degré et demi, jusqu'à l'éclosion. Placez un bassin en cuivre, un simple chaudron, ou un plat en terre rempli d'eau sur le poêle pour tempérer un peu sa chaleur sèche par la vapeur d'eau qui s'en dégagera. L'éclosion à l'étuve, où la graine est exposée à l'air en couches bien minces, ou, ce qui serait encore mieux, sur les linges où elle a été pondue, paraît bien préférable à celle des boîtes incubatoires en usage dans certains pays et dont l'air n'étant point renouvelé, peut être vicié par les vapeurs qui se dégagent de la flamme de la lampe que l'on y place pour produire de la chaleur.

L'éclosion commencée, rejetez toujours celle du premier jour, qui est ordinairement peu abondante; recueillez soigneusement celle du second et du troisième jour qui sera produite par la presque totalité de la graine, si elle est de bonne qualité et bien conservée. Ne donnez le premier repas aux vers éclos dans une même journée que le soir vers les 8 ou 9 heures, afin de maintenir une égalité parfaite entre les vers d'une même catégorie; car il est absolument nécessaire de séparer en deux catégories les vers éclos dans les deux différentes journées. Il faudra conserver ces deux catégories distinctes et séparées pendant toute l'éducation : 1° parce que l'ancienne méthode, qui prescrivait de faire jeûner les premiers vers éclos, pour donner le temps aux derniers de les atteindre à force de repas, est essentiellement vicieuse, en ce sens surtout qu'elle ne parvient jamais à amener entre les vers ainsi traités une égalité parfaite; 2° parce que l'éducation se composant de deux catégories qui arriveront à leurs diverses phases à 24 heures de différence, donnera beaucoup moins de peine aux personnes chargées d'en diriger les travaux.

4° *Égale répartition de feuille. — Emploi du tamis.* — Pour maintenir une égalité parfaite parmi les vers à soie de chaque catégorie, il est nécessaire de distribuer la feuille avec beaucoup d'égalité sur les claies. Il est aisé de comprendre que, dans les premiers âges, où les vers sont si petits, un grand nombre d'entr'eux pourrait être forcé de jeûner jusqu'au repas suivant, si un espace de quelques centimètres carrés était oublié dans la distribution. Ces jeûnes forcés établiraient entre les vers un commencement d'inégalité qu'il faut éviter avec le plus grand soin ; vous préviendrez seulement cet inconvénient en hachant menu la feuille pendant les premiers âges, et en la semant à l'aide d'un tamis à mailles de fil de fer de 7 à 8 lignes carrées. Vous pourrez faire usage du tamis pendant les deux et même les trois premiers âges, ce moyen est très expéditif et apporte, dans la distribution de la feuille, une égalité qu'on obtiendrait difficilement en la faisant à la main. Vous pourrez couper la feuille comme aux Bergeries, pendant toute l'éducation, cela vous dispensera de la monder ; à la magnanerie de Sainte-Tulle, j'ai même obtenu par ce moyen une économie de feuille qui compense bien largement le surcroît de main-d'œuvre qui en résulte.

5° *Température à peu près égale pendant toute la durée de l'éducation.* — Maintenez la température de votre atelier, pendant toute la durée de l'éducation, d'une manière à peu près égale, quel que soit le degré que vous ayez adopté, et qui ne peut guères être choisi que de 18° à 22° R.; il convient cependant d'avoir un degré de plus pendant le premier âge que pendant le reste de l'éducation, et de laisser abaisser pendant la nuit la température de l'atelier de un ou deux degrés au plus ; dans tous les cas proportionnez la fréquence des repas au degré de température que vous aurez adopté pour faire l'éducation. La chaleur stimulant plus vivement les organes des vers, excite davantage leur appétit, et les dispose à souffrir considérablement d'un retard dans les repas. Par suite de ce principe le nombre des repas devra être un peu plus fréquent dans le premier âge, et variera suivant le degré de température auquel vos vers à soie seront soumis.

6° *Propreté de l'atelier.—Délitemens fréquens à l'aide du filet.— Filets de papier.* — L'agglomération d'un si grand nombre d'êtres vivans dans un seul atelier, l'entassement des litières qui renferment toujours beaucoup d'humidité, et les excrémens des vers produisent nécessairement de nombreuses causes d'infection qu'il faut se hâter de détruire, sous peine de voir les vers à soie bientôt atteints de toutes les maladies qu'un air essentiellement vicieux peut occasioner. La propreté de l'atelier devient donc un auxiliaire indispensable de son aération. Cette propreté si désirable ne peut être obtenue que par des délitemens fréquens, que l'usage du filet peut seul rendre faciles et peu dispendieux. De tous les nouveaux procédés, l'emploi du filet est sans contredit celui dont l'utilité est la plus grande, et la plus généralement sentie.

Rien de plus simple que l'emploi du filet ; en effet, il suffit d'étendre sur les vers à soie qu'on veut déliter ou dédoubler, un filet à mailles carrées de 8 lignes de côtés; on sème ensuite sur ce filet un repas de feuilles, on en sème un second ou même un troisième s'il le faut, jusqu'à ce que les vers à soie ayant passé à travers les mailles, soient tous montés sur la feuille fraîche. Alors on prend un cadre en bois d'une épaisseur d'un pouce carré et de la dimension exacte du filet; ce cadre est armé, de distance en distance, d'un certain nombre de petits clous sans tête, auxquels on fixe les mailles des bords du filet, afin de le tendre convenablement sur le cadre. On superpose exactement ce cadre sur le filet, on l'y accroche et lorsqu'il est bien tendu, on enlève le cadre qu'on suspend au dessous de la claie supérieure au moyen des crochets qui s'y trouvent, et des anneaux dont les quatre coins du cadre doivent être garnis. On enlève promptement la litière, puis on abaisse le cadre, on en détache les mailles du filet, et le filet reste sur la claie nettoyée, couvert des vers à soie ainsi délités ; on passe le cadre à la claie suivante pour répéter la même opération, que l'on continue ainsi successivement jusqu'à ce que tout le rang de claies soit délité. Ces diverses opérations s'exécutent dans beaucoup moins de temps que je n'en ai mis à les décrire, et on peut avancer hardiment que deux femmes délitant au filet, font aisément l'ouvrage de dix femmes délitant à la main. Il est de plus essentiel de remarquer que les vers n'étant point entassés, ni même touchés, ils ne sont point exposés à recevoir des blessures dont ils ne manquent jamais de ressentir les funestes effets au moment de la montée. Le délitement au filet préserve encore les vers à soie d'un grand nombre de maladies contagieuses, en les séparant promptement des vers morts qui gisent sur la litière. L'emploi des filets maintient du reste le précepte le plus essentiel de toute bonne éducation des vers à soie, savoir : *l'égalité constante des vers* à l'aide de la facilité qu'il donne pour former, durant l'éducation, de nouvelles catégories dont il sera bientôt parlé.

Le filet est à lui seul, comme on le voit, un progrès immense, des bienfaits duquel, éducateurs grands et petits, doivent être immédiatement appelés à jouir. La cherté des filets semblant seule être un obstacle sérieux à la propagation de leur usage, je me suis livré à de longues recherches pour remplacer le filet de fil, par l'emploi économique des filets de papier. Après bien des expériences infructueuses, je suis parvenu à établir avec du papier sans fin des filets qui, non-seulement m'ont très-bien servi pendant la durée de l'éducation de l'année dernière, mais qui pourront me servir encore en grande partie pendant l'éducation de celle-ci. Le succès de ces filets de papier a été d'autant plus incontestable, que les expériences en ont été faites *comparativement* dans mon atelier dont la moitié des claies étaient servies au filet de fil, et l'autre moitié au filet de papier. Il est même résulté de cette comparaison que le service du filet de papier était plus expéditif que celui du filet de fil, qu'il fallait accrocher au cadre, suspendre avec le cadre, et détacher ensuite du cadre. Avec le filet de papier il suffit de laisser une claie vide à l'extrémité de chaque rangée. Le délitement se fait par deux personnes qui enlèvent le filet, le placent sur la claie voisine vide, roulent la litière, et opèrent ainsi de suite jusqu'au bout de la rangée. La litière roulée dans les filets de papier qu'on vient d'enlever, est jetée par une trappe ou une fenêtre hors de l'atelier, d'où on la sépare du filet que l'on fait sécher pendant une heure au soleil avant de l'employer de nouveau au service de l'atelier. Les délitemens ainsi pratiqués s'exécutent presque par enchantement. A la fin de l'éducation, le filet de papier a encore l'avantage de pouvoir être taillé de la dimension des cabanes et de permettre le délitement des vers les plus paresseux à monter, dans un moment où le délitement est un moyen bien précieux pour l'enlèvement des démamures, opération pour laquelle le filet de fil est complètement inutile à cause de sa grandeur, et de la superposition sur les claies, des bruyères ou autres encabanages.

Tout l'art de confectionner le filet de papier consiste dans le choix d'une qualité de papier assez collé pour qu'il soit moins susceptible de déchirures dans le percement des trous, qui doivent être assez rapprochés pour que les vers puissent facilement arriver sur la feuille, et assez éloignés, toutefois, pour que les filets ne soient pas trop fragiles. Dans certaines positions et sur certaines claies, le filet de papier autour duquel je fais toujours laisser une *marge* pleine, d'un pouce au moins de largeur, a reçu, à l'aide de la colle, une espèce de gaine, dans laquelle, pour la commodité du service, on peut passer des baguettes en bois pour enlever le filet plus facilement.

Le percement des trous s'exécute avec beaucoup de facilité ; il suffit pour cela de se servir d'un emporte-pièce rond (un canon de fusil coupé et aiguisé par un bout), de 8 lignes environ de diamètre, avec lequel on peut percer 24 feuilles de papier à la fois et d'un seul coup de maillet. On peut quand on est tant soit peu exercé à ce genre de travail, percer ainsi, dans un quart d'heure, 24 filets de 2 pieds de large sur 2 pieds 1/2 de long environ, représentant en tout 120 pieds carrés de surface. Le papier sans fin tel qu'on le fabrique à Annonay et maintenant à Gemenos, ne coûte guères que de 75 cent. à 80 cent. le kil., ce qui ne porte pas le prix du filet à plus de 3/4 de cent. le pied carré, en y comprenant même celui de la main-d'œuvre pour percer les trous. On peut calculer que le prix de revient du filet de papier est à peine comparable aux frais de lessivage du filet de fil, et à l'usure qui en résulte, ce qui permet de le détruire sans qu'il en coûte fort cher au cas où des maladies contagieuses, telles que la muscardine, auraient régné dans l'atelier.

Désormais les simples cultivateurs, les mégers de vers à soie, pourront introduire presque sans frais le délitement au filet, et par suite une propreté inaccoutumée sur leurs tables. Ces avantages ont tellement été appréciés généralement, depuis que je les ai signalés dans le *Propagateur de l'industrie de la soie*, qu'un grand nombre de demandes de modèles m'ont été adressées des départemens où l'industrie séricicole est le plus répandue. Mes expériences avaient reçu du reste la plus grande authenticité pendant la dernière éducation des vers à soie, de la magnanerie de Sainte-Tulle, et avaient été répétées sous les yeux de MM. le préfet du département des Basses-Alpes, le sous-préfet de l'arrondissement de Forcalquier et d'un grand nombre de propriétaires notables des environs, qui étaient venus pour y assister.

Je sais que je n'ai point été le premier à faire

l'essai du filet de papier, mais cet essai n'avait point réussi jusqu'à ce jour. J'attribue le succès de mes expériences à l'emploi du papier sans fin, très-collé (110 à 120 pieds carrés au kilog.), à la forme circulaire des trous qui rend les déchirures moins faciles, et à leur espacement convenable qu'on peut fixer à peu près à 4 lignes comme le demi-diamètre des trous.

7° *Catégorisation et dédoublement des vers.* — Quoique les vers aient été dès le commencement de l'éducation, séparés et classés en différentes catégories, suivant l'ordre de leur éclosion, on remarque ordinairement, quelque soin du reste que l'on prenne d'une éducation, qu'à l'époque des mues, il se trouve sur les claies d'une même catégorie un certain nombre de retardataires qui par suite d'un mauvais tempérament, ou d'accidens imprévus, ne sont point arrivés encore à la mue, lorsque l'immense majorité des vers a commencé à s'endormir. Ces vers retardataires ont encore besoin de quelques repas pour s'endormir à leur tour, il faut donc leur donner de la feuille, qui recouvre et prive d'air ceux qui sont endormis, et rend par conséquent plus pénibles ces phases déjà si critiques de l'existence des vers à soie. Ils s'endorment ensuite quand les autres se réveillent, et sont à leur tour enterrés sous la litière, victimes du même inconvénient. Un éducateur attentif, fidèle au principe qui prescrit l'égalité constante des vers à soie d'une même catégorie, d'une même claie, doit s'empresser de recueillir ces retardataires pour en former une petite catégorie à part, une infirmerie si l'on veut, dans laquelle ils recevront des soins particuliers, pour être dirigés avec plus de fruit vers le but commun. A l'aide du filet rien n'est plus aisé encore, que d'enlever ces retardataires. Il suffit pour cela d'étendre le filet sur les claies, et après y avoir semé dessus quelques feuilles fraîches, vous y verrez bientôt accourir les vers à soie non encore endormis que vous transporterez ainsi sur des claies séparées. Alors il ne restera plus sur une même claie, et dans une même grande catégorie que des vers à soie endormis, qui se réveilleront à peu près dans le même temps, qui marcheront également jusqu'à la mue suivante, où vous répéterez la même opération, pour enlever encore de la même manière les retardataires qui pourraient se présenter, et qui seront du reste d'autant moins nombreux, que l'éducation aura été mieux conduite. Au cinquième âge vous n'aurez plus ainsi que des vers d'élite, dont la réussite peut être considérée à peu près comme certaine, si vous parvenez à les garantir des touffes dont il sera parlé dans la deuxième partie de cet article.

Au sortir de chaque mue vous attendrez, pour servir le premier repas, que tous les vers soient parfaitement réveillés, et ce ne sera pas long si vous avez pratiqué, comme je viens de le dire, l'enlèvement et la *catégorisation* des retardataires. Une nouvelle opération est alors très-importante, c'est le *dédoublement* des vers, c'est-à-dire, le soin de leur faire occuper un espace double de celui qu'ils occupaient pendant l'âge précédent, à cause du développement rapide qu'ils prennent dans le temps qui s'écoule d'une mue à l'autre. Les filets sont encore ici l'instrument le plus indispensable, car il suffit de les placer sur les vers comme pour le délitement, d'y semer un *seul* repas de feuille, de les enlever lorsqu'on voit que la moitié des vers s'y trouve à peu près dessus, et de les transporter sur des claies préparées pour les recevoir.

8° *Encabanages préparés d'avance.* Lorsque les vers à soie ont été bien conduits ils arrivent presque simultanément au moment de la montée. Alors deux inconvéniens se présentent, celui qui résulte d'un encabanage prématuré, et celui qui résulte d'un encabanage tardif. Dans le premier cas, les vers sont privés d'un air pur dans un moment où l'air leur est plus indispensable que jamais, puisque c'est celui de la plus grande humidité, de la plus grande fermentation et par suite de la plus grande fétidité des litières. Dans le second cas les vers, après avoir fait d'inutiles efforts pour gagner un lieu propre à l'établissement de leur cocon, après avoir été exposés à de fréquentes chutes en suivant le bord des claies, ou des poteaux, se raccourcissent promptement, périssent étouffés par la soie, ou passent même quelquefois à l'état de chrysalide sans s'être renfermés dans leur cocon. L'opération de l'encabanage par les procédés anciens était très-longue et incapable de répondre à la simultanéité avec laquelle des vers bien conduits et surtout bien catégorisés, doivent arriver à la bruyère. Les encabanages préparés d'avance et propres à être placés en très-peu d'instans sur les claies, répondent complétement à cette nécessité. M. C. Beauvais emploie pour cet objet des tasseaux de bois percés de trous, qu'il fait armer d'avance dès l'hiver même, de brins de bruyères ou de bouleau, d'une hauteur à peu près égale à la distance qui sépare une rangée de claies de l'autre, et qui s'enchassent dans les claies. Cette opération se pratique en fort peu de temps, et n'exige que le travail d'un enfant qui présente les tasseaux ramés, et celui d'un homme qui les place sur les claies. J'ai vu dans divers ateliers du midi, les tasseaux remplacés par des bouquets de bruyères ou de thyms fixés ensemble d'avance avec de petites ficelles. Ce dernier procédé est extrêmement simple et peu dispendieux.

Je viens de résumer dans cette première partie tous les procédés rationnels que l'école séricicole française doit à son célèbre créateur M. C. Beauvais, qui sont d'une application immédiatement possible, et à la portée de tous les éducateurs grands et petits, soit qu'ils opèrent dans de vastes ateliers, soit qu'ils opèrent dans une chambre ordinaire. Ce qu'il y a de vraiment remarquable dans ces procédés, c'est qu'ils sont si raisonnables, si clairs et si facilement applicables tout à la fois, qu'on ne peut pas leur adresser une seule objection sérieuse. On peut donc en conclure que tout éducateur qui s'obstinera à ne pas les adopter, pourra être convaincu, avec raison, d'ignorance, d'indifférence ou de paresse. Voilà la partie éminemment populaire des nouvelles méthodes séricicoles.

II. Instruction pour les éducateurs qui ont adopté en entier les méthodes de la nouvelle école.

Il me reste à écrire, maintenant, des instructions pour les éducateurs qui opèrant dans des magnaneries puissamment ventilées, veulent suivre intégralement les méthodes de M. C. Beauvais, en se conformant aussi littéralement que la chose leur est possible, aux prescriptions du célèbre directeur des Bergeries. Ayant fait déjà moi-même plusieurs éducations de ce genre sous notre climat de Provence, je pense que les observations que j'ai eu l'occasion d'y recueillir pourront leur être de quelque utilité, lorsqu'ils se trouveront dans des conditions à peu près semblables à celles où je me suis trouvé.

1° *Appareil salubre de M. Darcet.* — Je dirai

d'abord qu'il résulte de toutes les observations que j'ai pu recueillir en Provence, que l'appareil de M. Darcet, malgré les quelques reproches qu'on a pu lui adresser sur son défaut d'énergie sous notre climat, est incontestablement de beaucoup supérieur aux dandolières, et fournit le moyen le plus puissant que les éducateurs de vers à soie aient à leur disposition pour établir une bonne ventilation dans leur atelier. Je n'ignore pas que dans certaines circonstances ce précieux appareil a semblé n'avoir pas toujours l'efficacité qu'on attendait de lui pour résister aux touffes du midi, dont la funeste influence ne saurait être exactement appréciée par les habitans du nord. Mais je puis assurer aussi que l'appareil Darcet a été fort mal construit jusqu'à présent en bien des endroits, et que ses dimensions, bien loin d'être calculées et exécutées dans les proportions indiquées, sont restées incertaines et qu'il serait tout-à-fait injuste de rendre l'appareil responsable des vices de sa construction. Or comme ces vices de construction de l'appareil Darcet n'exercent pas même une influence sensible dans les temps ordinaires, et qu'il réunit toutes les conditions de chauffage et de ventilation les plus convenables et en même temps les plus faciles, son établissement doit être conseillé à tous les éducateurs qui ont les moyens de le faire. Je conseillerai de plus à ceux qui conservent encore quelques craintes sur son efficacité, ou sur les difficultés de sa construction dans nos campagnes de conserver dans leur atelier salubre, les soupiraux de la dandolière, qui seront hermétiquement fermés, tant que leur concours ne sera pas nécessaire, et qui seront en réserve pour les momens critiques où l'appareil pourrait manquer d'énergie, ou même l'appareil pourrait cesser de fonctionner par suite du dérangement du tarare, chose qui peut arriver. Je déclare franchement, du reste, que je crois que, dans les cas où l'appareil aurait même été assez mal construit, les momens critiques seront rares, et qu'ils ne se présenteront pas du tout, si au contraire il a été bien construit, et surtout si on a donné à ses diverses pièces une dimension un peu plus grande que celles qui ont été indiquées pour son établissement dans le nord. Mon honorable ami, M. de Villeneuve, notre collaborateur, étant beaucoup plus compétent que moi pour écrire sur la ventilation des magnaneries, a rédigé une note sur ce sujet qui se trouvera à la suite de cet article, et qu'on lira sans doute avec beaucoup d'intérêt. Je me bornerai à ajouter qu'une assez grande pratique m'a prouvé que ce précieux appareil peut être établi avec succès et sans de grandes dépenses dans presque tous les anciens bâtimens où l'on peut disposer d'un peu d'espace au rez-de-chaussée pour y placer la chambre d'air.

2° *Ouvrages à consulter.* — Un des élèves les plus

distingués de M. C. Beauvais, M. Brunet de la Grange, ayant eu l'ingénieuse idée de publier sous la forme d'un tableau synoptique le résumé des procédés employés aux Bergeries, je conseillerai d'abord aux éducateurs de se munir de ce tableau où ils trouveront une foule d'indications utiles (1); je leur signalerai également un excellent mémoire publié dans le bulletin de la Société d'agriculture du Var (mois de décembre 1838), par M. Michel, son secrétaire, où l'on trouve un curieux rapprochement des procédés de la nouvelle école, avec ceux des Chinois auxquels elle a fait de si utiles emprunts. Je préviendrai toutefois les éducateurs qu'ilsdevront, en les lisant, faire une exacte distinction entre les choses qui sont acquises à la science, et celles qui sont encore à l'état d'expérience, comme par exemple le degré de chaleur de l'éducation, sa durée, etc., pour ne point être exposés à des mécomptes qui dans un pays aussi impressionnable que le nôtre, pourrait exercer une fâcheuse influence sur la propagation des nouveaux procédés.

3° *Incubation de la graine.* — La graine de vers à soie sera mise à l'étuve quand la feuille de mûrier sera assez développée pour fournir à la nourriture des vers. Les éducateurs de la nouvelle école observeront que les éducations traitées par les méthodes des Bergeries étant plus rapides que

(1) Au bureau des *Annales*, rue Canebière, n. 19, prix 3 f.

celles faites par la méthode ancienne, il sera convenable de les retarder de quelques jours s'ils ne veulent pas se trouver exposés à une grande perte de feuille, qui pourrait être évaluée au quart de la totalité employée à l'éducation, si les vers arrivaient à la frèze avant que la feuille fût entièrement développée. La graine, avant d'être portée à l'étuve, devra être tirée du lieu frais où elle a hiverné, et être placée dans un appartement dont la température de 12° à 14° R. puisse être considérée comme une température de transition, à celle de l'étuve qui ne devra jamais être inférieure à 14° le premier jour de l'incubation. L'indication d'une température de 17° à 18° pour ce jour là dans le tableau de M. Brunet, me paraît être seulement celle d'une expérience à faire dans le Midi, car il résulte de mes observations, qu'à cette haute température augmentée chaque jour d'un degré, l'éclosion de la graine commence souvent dès le troisième jour de l'incubation, au lieu d'attendre le septième ou les suivans. Cette promptitude de l'éclosion de la graine en Provence peut être attribuée à la douceur de nos hivers et à la précocité de notre printemps. Par suite d'une conséquence naturelle de la différence de notre climat avec celui du Nord, on s'apercevra bien vite qu'il est très-difficile, si non impossible, de produire dans la chambre à éclosion une humidité de 85° à 90° qui doit coincider avec cette température élevée.

Dans l'étuve de la magnanerie de Sainte-Tulle, il a été toujours impossible de dépasser en temps sec 70° d'humidité, malgré l'emploi de tous les moyens connus pour saturer l'air d'humidité, tels qu'une grande quantité d'eau répandue sur le plancher, une chaudière d'eau bouillante sur le poêle, des linges et des branches de saules mouillés; ainsi jusqu'à ce que la possibilité d'arriver à cette coïncidence de chaleur et d'humidité dans nos étuves, me soit démontrée, je conseillerai de commencer l'incubation de la graine à 14°, augmentant chaque jour la chaleur de 1 degré et demi, ou de 2° si la graine change rapidement de couleur, ce qui indique qu'elle est bien près de sa maturité. Mes vers sont toujours éclos à la température de 20° à 21° avec une humidité de 65 à 70°. La température a pu être abaissée sans inconvénient appréciable de 1 à 2° pendant la nuit de 11 h. du soir à 4 h. du matin. Dans certaines occasions exceptionnelles seulement j'ai élevé la température à 24° pour hâter une éclosion qui paraissait devoir être traînante. La simultanéité d'éclosion dans toute la force du mot n'est pas obtenue ordinairement. Une graine éclôt convenablement lorsque les vers viennent à peu près tous en deux jours sans compter le premier dont l'éclosion n'est jamais abondante, et ne produit que ce que nos paysans appellent des *aventuriers* qu'il faut rejeter soigneusement.

Je m'abstiens de décrire les procédés connus

de tous les éducateurs, dont l'emploi doit être concurremment conservé avec celui des procédés des nouvelles méthodes, et de répéter ce que j'ai eu occasion de dire dans la première partie de cet article, et qui est immédiatement applicable à celle-ci.

4° *Premier âge.* — Le premier âge des vers à soie commence avec le premier repas qu'on ne devra servir, à chaque catégorie, que le soir de l'éclosion, afin que les vers éclos aux diverses heures de la journée puissent être réunis dans une même catégorie. Ce serait une grande erreur de croire que les vers doivent naître dans les deux ou trois premières heures de la matinée, lors même que la graine est en parfait état de conservation. L'éclosion du matin est certainement toujours la plus abondante, mais ce n'est guère que vers le soir que l'éclosion s'arrête à peu près tout-à-fait. Il serait vivement à désirer qu'on parvînt à obtenir une graine complétement homogène qui pût donner une éclosion véritablement simultanée, qui imprimerait au commencement de l'éducation une régularité qui serait plus facile ensuite à conserver. Mais tous les essais tentés jusqu'à ce jour n'ont encore atteint qu'imparfaitement ce but, et il est à désirer que les expériences se répétant sur un grand nombre de points, et par des procédés différens, amènent un résultat plus satisfaisant que ceux qu'on a obtenus jusqu'ici.

Pendant toute la durée du premier âge on sémera au tamis la feuille hachée ; on pourra maintenir la température à 21° environ avec le plus grand degré d'humidité qu'on pourra produire, sans trop s'effrayer pourtant si l'aiguille de l'hygromètre ne peut pas atteindre 70 à 85° et même quelquefois arrive à 60 ou 55°. Les vers peuvent rester dans l'étuve pendant le premier âge, si elle est assez grande pour les contenir, ou au moins dans une petite chambre ordinaire, chauffée par un poêle ou une cheminée, et dont on pourra renouveler l'air de temps en temps. Avec des vers si petits, le danger de l'insalubrité, est peu à redouter, et ne doit pas forcer à recourir au chauffage toujours plus coûteux du grand atelier. L'élévation de la température au-dessus de 20° à 21° est encore, à mon avis, une expérience à faire, car si elle a l'avantage de hâter l'éducation, elle a aussi le grand inconvénient de devenir pénible et dispendieuse, en nécessitant l'établissement d'un service de nuit dans la magnanerie, que le défaut de bras rend impraticable dans la plupart de nos campagnes, et qui est dangereuse si on ne peut multiplier suffisamment les repas. Il est loin du reste d'être encore démontré que les cocons ainsi obtenus soient d'aussi bonne qualité que les autres, et d'un rendement de soie aussi considérable. La température de 21° au premier âge, et de 20° dans les âges suivans, doit donc être conseillée à tous les éducateurs qui n'ont point le désir de se livrer à des expériences publiques. Les repas sous cette température devront être légers et fréquens, donnés au moins au nombre de 12 depuis 4 heures du matin jusqu'à 11 h. du soir. Après 11 h. on peut laisser abaisser la température de l'atelier de 1° à 2° et laisser prendre cinq heures de repos aux ouvriers de la magnanerie. Aux approches de la première mue on peut pratiquer un premier délitement, toujours plus facile, dans cet âge, au filet de papier qu'au filet de fil, parce que celui-ci laisse plus facilement échapper les fragmens de feuilles couverts de vers, et parce qu'un grand nombre de vers peuvent manger la feuille à travers ses mailles sans y monter dessus. Comme il y a ordinairement peu de retardataires à la première mue, la catégorisation des vers est rarement nécessaire. Le poids de la feuille consommée dans cet âge sera essentiellement variable et dépendra beaucoup plus du soin qu'on aura de la hacher menu et de la semer régulièrement, que de la consommation réelle des vers.

5° *Second âge.* — Au moins 24 heures avant le deuxième âge on aura soin de chauffer le grand atelier, car ce ne sera pas souvent sans peine qu'on parviendra à y produire au commencement une température de 20°, même en élevant celle de la chambre à air à 80° R. Il sera également difficile, surtout si le temps est sec, d'obtenir plus de 60° d'humidité. Quand tous les vers seront éveillés, on les dédoublera au filet, en les portant de la petite chambre au grand atelier sur des tables de transports. Le nombre des repas devra être maintenu à 12 pendant le second âge ; cependant il n'y aurait aucun inconvénient à le reduire à 10 et même à 8, comme j'ai souvent été obligé de le faire moi-même. Quant à l'espace que les vers devront occuper, un œil tant soit peu exercé suffira toujours pour l'apprécier convenablement ; les indications qui ont été données pourront n'être considérées que comme approximatives et toujours utiles à consulter. Un seul délitement sera nécessaire pendant le deuxième âge, on l'exécutera au moment où la diminution de l'appétit annonce l'approche du sommeil. Enfin lorsque le sommeil est arrivé pour le plus grand nombre des vers on enlèvera les retardataires, et on les catégorisera à part comme il l'a été dit précédemment. On se servira encore avec beaucoup d'utilité du tamis, pendant cet âge.

6° *Troisième âge*. — Le troisième âge des vers à soie devra être conduit à peu près de la même manière que le précédent. Il n'y aura aucun inconvénient à réduire le nombre de repas à 8. Pendant cet âge il commencera à être un peu plus facile d'obtenir un plus grand degré d'humidité. La consommation de la feuille dépendra encore beaucoup de la manière dont elle sera hachée et distribuée. Le tamis peut encore être employé avec avantage. Le dédoublement, les délitemens, et enfin la catégorisation des retardataires à l'approche des mues auront lieu comme pendant le précédent âge. La deuxième mue étant souvent laborieuse, le germe de beaucoup de maladies commence à se manifester pendant le troisième âge. Si les vers sont sortis franchement de la deuxième mue, s'ils prennent un développement rapide aprés les premiers repas, c'est un heureux présage de réussite.

7° *Quatrième âge.* — Si pendant le troisième âge les vers ont montré de la vigueur, il est rare qu'ils ne parcourent pas le quatrième âge avec le même bonheur. Le dédoublement, les délitemens et la catégorisation des retardataires s'opéreront comme dans l'âge précédent. Seulement l'emploi du tamis sera supprimé, parce que la consommation de la feuille devenant beaucoup plus considérable, et comme celle-ci doit être plus grossièrement coupée, il faudrait des tamis beaucoup trop grands, et par conséquent beaucoup trop lourds. Ensuite les vers n'étant plus aussi serrés, et se trouvant plus inégalement répartis sur les claies que dans les premiers âges, par diverses circonstances et notamment par les effets de la lumière, il faut que la feuille soit distribuée avec une certaine inégalité, suivant le plus ou moins d'agglomération des vers, ce qu'on ne peut bien faire qu'à la main.

8° *Cinquième âge.* — La dernière mue est la plus pénible de toutes, quoiqu'en général les vers qui ont marché régulièrement jusque là, et qui ont été soignés comme je l'ai indiqué, l'abordent et en sortent franchement. Pour maintenir leur égalité, plus nécessaire encore dans cet âge que dans les précédens, et toujours plus difficile à conserver, il ne faut pas craindre de faire jeûner un peu plus long-temps les premiers réveillés, dussent-ils attendre 24 à 30 h. les derniers, avant qu'ils puissent recevoir le premier repas. Beaucoup de maladies se déclarent dans cet âge, les plus communes sont la *jaunisse* ou *grasserie* et la *muscardine*. Dans l'impossibilité où je suis de consigner dans cet aperçu rapide toutes les observations que j'ai eu occasion de faire sur ces deux maladies qui dépeuplent, la dernière surtout, nos magnaneries du Midi, je me bornerai à dire qu'il faut employer comme moyen préventif la bonne ventilation de l'atelier, la propreté continuelle des claies, par un délitement de tous les deux jours, et comme moyen curatif lorsque des cas de ces maladies se manifestent, le délitement quotidien, le triage des malades, l'usage des feuilles de mûriers placés sur des lieux élevés. Mais c'est le renouvellement de l'air dans l'atelier qui doit attirer toute l'attention d'un éducateur. On ne doit jamais perdre de vue, dans cette époque décisive, que tout doit être sacrifié à ce principe salutaire. Tout ce qui peut dans les momens de touffe, imprimer une légère secousse à l'air, doit être mis en usage, si l'on s'aperçoit que l'action *continue* du tarare ne suffise pas, ce qui est indiqué par la difficulté de respirer qu'on éprouve en entrant dans l'atelier, et par l'odeur qu'on ressent autour des claies. C'est ainsi qu'au lieu de boucher hermétiquement, comme on l'a fait dans certains ateliers, les joints des portes et des fenêtres avec du papier collé, il faut, au besoin, ouvrir toutes les fenêtres et les soupiraux, diminuer autant que possible l'éclat de la lumière avec des bandes de papier gris sans fin de la dimension des fenêtres qu'on à soin de placer sur leur ouverture ou sur les croisées, et agiter l'air des passages avec *l'éventail chinois*.

Pendant cet âge on peut se dispenser de couper la feuille; cependant quand la chose est possible avec un hache feuille perfectionné, c'est un grand avantage, et la diminution de la consommation de la feuille est notable.

Sur la fin de cet âge, les éducateurs éprouveront autant de difficultés à produire de la sécheresse dans l'atelier, qu'ils en avaient éprouvé dans le commencement pour produire de l'humidité. L'hygromètre marque quelquefois jusqu'à 100° dans les momens de touffe, à cause de la grande quantité d'exhalaisons acqueuses produites par la feuille, et par les vers soumis à une température élevée. Le moyen le plus actif pour diminuer cette humidité exorbitante, c'est l'emploi de la chaux vive qu'on place en petits tas sur divers points de l'atelier, et qu'on enlève aussitôt qu'on voit qu'elle commence à être saturée de l'eau qui était répandue dans l'air, pour la remplacer par de la nouvelle jusqu'à ce que l'on ait obtenu l'effet désiré. Cette chaux pouvant encore être employée aux divers travaux de maçonnerie, ce n'est point un moyen dispendieux, et c'est un des plus énergiques.

Pendant le cinquième âge le nombre des repas devra être réduit à 6, car il serait à peu près impossible d'en donner davantage à cause de la grande consommation de la feuille, et parce qu'il faudrait renoncer au précieux avantage d'avoir toujours une réserve de feuille cueillie à l'avance, précaution indispensable même sous notre climat, où, sans la quelle, une pluie battante de 24 heures, pourrait apporter une grande perturbation dans l'éducation.

On reconnaît que les vers sont bientôt sur le point de monter quand ils perdent leur appétit, et que leur corps, la tête surtout, acquiert une certaine transparence. On place alors sur les claies de distance en distance, de petits brins de bruyère vulgairement appelés *signaux*. Sitôt que les signaux commencent à se couvrir de vers, il faut se hâter de ramer les claies, et cette opération sera toujours aussi prompte que facile, si l'on fait usage d'encabanages préparés à l'avance. Au bout de 24 heures les vers seront presque tous montés. On enlève, sans plus tarder, les trainards, en introduisant sous les cabanes des filets de papier qu'on a taillés sur leur dimension, et en donnant de la feuille fraîche dessus. On emporte les vers ensuite pour en former une dernière catégorie hors de l'atelier, dans une chambre un peu plus sèche et un peu plus chaude, où après 24 heures, pendant lesquelles on leur donne encore un peu de feuilles, ils font encore presque tous de bons cocons. C'est une excellente pratique que celle de nettoyer les cabanes dès que les démamures ont été emportées, les papiers même peuvent être enlevés pour rendre la circulation de l'air plus facile, en ayant soin toutefois de ne pas ébranler les bruyères, et de ne pas déranger ainsi les vers dans leur travail.

9° *Déramage*. Au bout de 4 à 5 jours, après la montée, dès qu'on n'entend plus le bruit des travailleurs, on peut commencer le déramage des claies. Les cocons perdent beaucoup plus qu'ils ne gagnent dans l'atelier du moment qu'ils sont terminés. Toutes les opérations des quatre premiers âges, et du cinquième surtout sont beaucoup plus faciles à exécuter, si l'on a eu soin de classer les vers de l'atelier en deux catégories principales qui parcourent les diverses phases de leur existence, à un jour de distance l'une de l'autre.

10° *Choix des cocons pour la graine.* Le choix des cocons mis en réserve pour la graine est une opération très-délicate et très-essentielle. Il faut les prendre un à un, examiner s'ils sont durs, d'un tissu serré, et d'une forme régulière. On enlève soigneusement la bourre qui les enveloppe, puis on les réunit en chapelet avec du fil, qu'on suspend au milieu d'une chambre bien sèche, dont la température n'excède pas 20° et ne soit pas inférieure à 15°.

11° *Ponte de la graine.* Lorsque les papillons naissent, on a soin de prévenir, autant que la chose est possible, les accouplemens spontanés. On les accouple et on les laisse ainsi pendant 6 à 7 heures, sur des toiles ou des papiers à part. Au bout de ce temps on les sépare, et l'on se hâte de placer les papillons femelles sur la toile ou le papier destinés à recevoir la graine. Cette opération doit être exécutée rapidement, car la femelle fecondée est très-prompte à déposer ses œufs, dont une partie se perd pour peu qu'on la laisse séjourner ailleurs que sur la toile, où elle doit pondre. Les papillons doivent en général être tenus dans une obscurité complète, la lumière leur imprimant un degré d'excitation qui pourrait les affaiblir et par conséquent nuire à la qualité de la graine. Les toiles sur lesquelles la graine est pondue, doivent être laissées étendues encore pendant quelques jours dans la chambre où la ponte a eu lieu, afin qu'elles soient bien sèches avant qu'on les renferme. On les roule ensuite, puis on les met dans une grande boîte en fer-blanc percée à jour par-dessus, que l'on place dans un endroit aussi frais que possible, mais sans humidité.

Malgré toutes les précautions indiquées pour faire de la bonne graine et pour la conserver, cette partie de l'art du magnanier est encore fort peu avancée. Un vaste champ est encore ouvert aux expériences.

J'ai résumé rapidement les procédés employés pour l'application des nouvelles méthodes dans l'éducation des vers à soie, et j'ai surtout cherché, comme on a pu s'en apercevoir facilement, à indiquer, sans trop déroger aux principes, tous les moyens propres à mettre cette application à la portée de tous les éducateurs de vers à soie, chose à laquelle on avait trop peu songé jusqu'ici. C'est dans ce but que sont dirigées chaque année les expériences, et les recherches qui sont faites à la magnanerie salubre de Ste.-Tulle, et dont le compte rendu est régulièrement présenté aux lecteurs des *Annales Provençales*. J'ai tout lieu d'espérer que les expériences qui se multiplient de plus en plus sur tous les points du pays, et la publicité qui leur est donnée, pourront bientôt amener la solution de toutes les principales questions qui divisent encore les éducateurs les plus avancés, et qu'il me sera bientôt permis de leur offrir un travail beaucoup plus complet, que je m'efforce, par les études préparatoires les plus assidues, à rendre aussi digne d'eux qu'il m'est possible de le faire.

E. Robert.

OBSERVATIONS

Sur la ventilation des magnaneries.

Deux années d'expériences sont venues sanctionner l'approbation que nous donnions en 1837 aux principes de la construction de la magnanerie salubre de M. Darcet. Lorsque nous annoncions qu'une ventilation plus parfaite due à l'emploi de cet appareil était un *immense progrès dans l'éducation des vers à soie*, et que *son adoption dans les pays méridionaux serait d'une utilité tous les jours plus élevée*, nous n'allions pas jusqu'à penser alors que les éducations du midi finiraient par démontrer que le *premier* et *le plus grand précepte de la loi du magnanier serait de procurer aux vers à soie une atmosphère pure.*

Cette conclusion énoncée dans la livraison des *Annales Provençales* (septembre 1837) comme le résumé des observations qui nous étaient alors connues, est aussi la conséquence la plus directe du remarquable rapport de M. Henri Bourdon, en 1828, des travaux sur la muscardine de M. Audouin, et des principales observations consignées dans les *Annales de la Société Séricicole* et fournies par les éducateurs du midi; enfin, notre excellent ami M. Robert vient d'établir que c'était là la dernière expression de tous ses travaux et de ses nombreuses expériences.

La transpiration des vers, la fermentation des litières, la muscardine, qui n'est autre chose qu'une moisissure, sont les trois principales causes d'insuccès et de mort dans les magnaneries. Or, la chaleur et l'humidité concourent à faire naître et accroître ces trois sources de mal; de là des dangers qui menacent plus spécialement les éducations hâtives où un plus haut degré de chaleur et d'humidité sont indispensables. On n'évite cet écueil qu'en redoublant de soins, d'intelligence et d'activité à un point qui est encore trop au-dessus de la portée du vulgaire. Voilà pourquoi les avantages des éducations accélérées sont encore un problème dans les grandes éducations.

C'est ainsi que M. Henri Bourdon et M. Eugène Robert sont amenés à poser que, pour la pratique du midi :

La température doit être de 20 à 18°.
L'hygromètre de. . . . . 65 à 85°.

Mais s'il faut modifier ainsi les règles d'éducation qu'on assignait en 1837, et où l'on fixait la température à 22°
et l'hygromètre à 90°,
il est devenu incontestable que toutes les magnaneries bien ventilées ont eu du succès.

Il y a eu moins de maladies et de pertes de vers; — plus de poids dans les cocons.

Le progrès consistera donc surtout à réunir tous les moyens les plus sûrs de purifier l'atmosphère. Les filets, si heureusement et si économiquement perfectionnés par M. Robert, fournissent un précieux moyen d'avancer cette question, puisqu'ils permettent d'enlever souvent, promptement et à peu de frais la litière ; ce sont ainsi des sources d'exhalaisons méphytiques supprimées. Cependant en prenant pour base de nos calculs les expériences de Dandolo, nous trouvons que les exhalaisons des litières ne fournissent à la température de 18° et aux derniers jours du cinquième âge que la soixante et dixième partie, environ, des dégagemens directement émanés de la respiration et la transpiration des vers.

Ainsi, sous le rapport de la purification de l'atmosphère, les filets ne peuvent donner que la soixante et dixième partie de l'effet utile que la circulation de l'air doit produire.

Mais à ce premier service les filets en ajoutent un autre, celui de faire changer de position aux vers, et de les faire ainsi arriver dans une tranchée d'air moins viciée, moins saturée de leurs premières émanations ; enfin, il est un dernier service plus important encore attaché à l'emploi des filets de papier, c'est le contact de cette surface sèche et absorbante qui essuye le liquide huileux dont le ver à soie est souvent enveloppé.

Nous avions déjà proposé, en 1837, pour ce dernier objet l'emploi du charbon en poudre, qui sert à la fois de moyen de dessécher et de désinfecter. Nous regrettons que cette expérience n'ait pas encore pu être suivie : nous espérons qu'elle sera faite cette année dans une éducation nombreuse, où le temps, la main-d'œuvre et la surveillance des opérations sont des élémens qu'on ne peut pas prodiguer ; une méthode aussi simple que celle de répandre une poudre sur les tables garnies de vers, nous paraît avoir de l'importance;

ce serait un moyen de rendre tout au moins les délitemens moins urgens. Le succès de la poudre désinfectante, prédit par les lois de la physique et de la chimie, est aussi annoncé par un procédé qui s'en rapproche ; des vers qui restaient sans mouvement, presque ensevelis dans les litières, reprennent de l'énergie et reparaissent au-dessus pour reprendre leurs fonctions, lorsqu'on sème sur leur table une poudre sèche, telles que sciure de bois ou autres poussières absorbantes et désinfectantes.

Un autre puissant auxiliaire des effets salutaires de la ventilation, est dans le déplacement et le brassage de l'air qui les environne.

Sous ce rapport, l'appareil de M. Vasseur ou tout autre qui aura pour résultat d'imprimer à l'air des magnaneries un mouvement horizontal, ou d'entraîner les vers eux-mêmes dans un mouvement de ce genre, ne pourra manquer de produire une influence très-salutaire. En effet, jusqu'ici les soupiraux percés dans le haut et dans le bas des magnaneries, ne donnent qu'un mouvement vertical à l'air intérieur ; chaque ver se trouve encore soustrait au contact direct de l'air en circulation ; de là cette conséquence qu'un grand nombre de vers saturent de leurs émanations l'air qui les environne immédiatement, et ce n'est qu'après un certain temps que ces émanations se sont mêlées et dispersées dans les tranchées d'air en mouvement, d'où résulte que les vers à soie sont toujours placés dans un air réellement moins pur que ne l'indique la composition moyenne de l'atmosphère intérieure.

Le mouvement des tables ou d'une partie de de l'air de la magnanerie dans un sens autre que celui du jeu naturel des gaines, est un moyen de plus de faire obtenir tout l'effet possible d'un degré de ventilation donné. Les émanations en se répandant à la fois et presque instantanément dans l'atelier tout entier, se trouvent en quantité relativement bien moindre autour de chaque ver. L'insecte, sans addition d'une nouvelle masse d'air, y est réellement dans un milieu plus salubre, jusqu'à ce que tout l'air de l'atelier ait été vicié. Ce procédé permet donc de tirer le meilleur parti possible de la ventilation établie. Il est clair ainsi qu'une ventilation très-imparfaite, comme celle qui résultait de l'emploi des dispositions de Dandolo, une ventilation dans laquelle la dissémination de l'air était très-mal établie, peut trouver là un palliatif.

Mais soutenir que le mouvement des tables peut remplacer la ventilation complétement, est évidemment une absurdité, qui prouve qu'on ne comprend pas même que l'air n'est vicié dans les magnaneries que par les exhalaisons des vers, et que ces exhalaisons, loin d'être diminuées par le mouvement, sont activées aussi long-temps que le mouvement est utile.

Il est bon d'ajouter que tout autre moyen d'agiter l'air des magnaneries doit produire l'effet salubre de l'appareil Vasseur. Ainsi, un mécanisme qui s'agiterait sur les tables en distribuant les feuilles, amènerait les mêmes résultats.

Pour faire bien apprécier les divers moyens de ventilation et pour faire juger d'avance les prétendues améliorations que l'on espère réaliser en rapprochant outre mesure les tables, nous allons poser quel doit être le chiffre de la ventilation dans les divers cas.

Voici les considérations et les calculs à l'aide desquels on peut déterminer *à priori* la quantité d'air qui doit traverser une magnanerie ; dans les cas les plus difficiles, lorsque la touffe se manifeste dans les six derniers jours du cinquième âge des vers à soie.

Au moment de la touffe, la température extérieure est égale et quelquefois même supérieure à celle de la magnanerie ; avec cette chaleur, l'atmosphère est dans un état voisin du degré d'humidité qu'il ne faut guère dépasser dans le cours de l'éducation ; il est à 86° hygrométriques (cette hypothèse s'est réalisée dans l'atelier de M. Jean-Baptiste Bonnet, à Apt, pendant l'éducation de 1838.

Dans cet état de choses on ne doit plus attendre de salut que d'une ventilation très-active, il faut que le courant d'air soit assez rapide pour entraîner toutes les exhalaisons de vapeur d'eau, de gaz ammoniac, et d'acide carbonique, dues soit à la respiration et à la transpiration des vers à soie, soit aux émanations de leurs excrémens. Il faut que l'ensemble de ces exhalaisons n'entre pas pour plus de un pour cent dans le volume de l'air de l'atelier.

D'où résulte cette règle : le volume d'air à mettre en jeu par la ventilation doit égaler cent fois le volume de toutes les exhalaisons de vapeur d'eau et des gaz acide carbonique, et ammoniac, ou autres produits animaux, fournis par les vers et leurs litières.

Quel est donc le volume de ces exhalaisons ?

D'après les expériences de Dandolo, dans chacun des six derniers jours du cinquième âge d'une éducation de trente jours, la respiration et la transpiration des vers équivalent à 186 kilogrammes, ce chiffre correspond à la quantité de matière fournie par la feuille qui n'est pas assimilée et non reproduite par le poids des vers. — Or, la partie exhalée est sensiblement composée comme les feuilles ; elle a seulement perdu environ un pour cent de l'azote de celle-ci. La matière transpirée est donc analogue à la composition des feuilles de mûrier.

Elle a 68 p. % d'eau, 32 p. % de matière solide, laquelle est essentiellement composée de carbone ; avec de faibles poids d'azote et quelques parties oxygène et hydrogène.

Les 186 kil. correspondent, d'après cela,

A eau......	126 kil.	48
Carbone et élémens gazeux......	59	52
TOTAL..........	186 kil	»

Quel est le volume correspondant à ce poids ?

Un mètre cube de vapeur d'eau dans les circonstances ordinaires de l'éducation pèse 0 kil. 800.

Ainsi la quantité d'eau provenant des feuilles consommées pendant chaque journée, correpond à :

$$\frac{126}{0,800} \text{ kilogrammes} = 157\ 50 \text{ mètres cubes.}$$

Quant au carbone, il s'est transformé en acide carbonique, soit en s'unissant à l'oxygène dans l'acte de la respiration des vers, soit en se combinant avec l'oxygène qui est contenu dans la matière sèche des feuilles ; l'acide carbonique est le plus dense de tous les composés gazeux qui peuvent se former dans les circonstances actuelles, c'est celui dont le poids représente le moindre volume. Nous serons donc au-dessous du volume gazeux réellement produit par les 59 kil. 52, cités ci-dessus, en calculant comme si toute la matière sèche était transformée en acide carbonique. Un mètre cube d'acide carbonique ne pèse pas tout-à-fait 2 kil.; nous le supposerons, donnant exactement ce nombre rood; nous aurons ainsi pour le volume d'acide carbonique engendré $\frac{59}{2}$ kil. 52 = 29. 76 mètres cubes.

En établissant ce calcul nous admettons encore que tout l'oxygène nécessaire à la transformation de la matière sèche et acide carbonique est puisé dans cette matière elle-même; dans la réalité une proportion d'air atmosphérique qui s'élève au moins à 50 et 60 p. % du poids de cette matière sèche, est indispensable à la transformation de la matière sèche, on est conduit à cette conclusion par l'expérience de M. Darcet, d'après laquelle l'oxygène absorbé par des vers mis sous un bocal, aurait été égal au poids de l'acide carbonique engendré. — (Description d'une magnanerie salubre en 1836, page 22-7.)

L'air de la magnanerie salubre devant renfermer à peine un pour cent du volume ci-dessus, on est conduit à reconnaître qu'il faut pour entraîner l'eau due à la transpiration et à la respiration :

	mètres cubes.
157. 5 + 100 =	15,750 »
Pour enlever les gaz obtenus 29.76 + 100 =	2,976 »
Auquel il faudrait ajouter le volume d'air nécessaire pour engendrer l'acide carbonique, supposons-le seulement de moitié du poids des autres gaz, il faudra ici.......	1,488 »
Total de la quantité d'air à faire circuler	20,214 m. c.

Les excrémens contribuent encore à vicier l'atmosphère:

La quantité d'excrémens produite, d'après Dandolo, est, en appliquant nos calculs à ses chiffres, de 100 kil. par jour; cette masse peut vicier 28 mèt. cub. 8 d'air atmosphérique, en supposant qu'il faut 10 fois pareil volume d'air pour ramener le gaz nuisible à 1 p. %, on trouve que 288 mètres cubes d'air représentent la ventilation exigée par cette autre source d'exhalaisons.

Total général...... 20,214
288

20,502 mètres cubes.

Telle est la quantité d'air qui doit traverser une magnanerie de 5 onces dans chacune des 24 heures de la fin du cinquième âge, et pour une éducation d'une durée de 30 jours. Pour une magnanerie de huit onces ce serait les 0,6 en sus ou 32,802 mèt. cub. en 24 heures.

Une magnanerie de 8 onces correspond à un local de 250 mètres cubes environ, il faut multiplier ce volume par 131,2 pour arriver à la ventilation calculée, c'est-à-dire, il faut renouveler l'air de l'appartement 131 fois en 24 heures ou en 1440 minutes. Il faut donc le renouveler dans un nombre de minutes de $\frac{1440}{131} =$ 11 minutes. L'air, dans une éducation conduite en 30 jours doit être renouvelé toutes les 11 minutes, dans les momens de touffe.

Si l'éducation est plus accélérée, de 25 jours par exemple, les exhalaisons se produiront avec une activité plus grande d'environ 1/6, ce sera donc un renouvellement d'air à faire à toutes les neuf ou dix minutes.

Enfin si l'éducation était réduite à 20 jours, l'on peut estimer que l'air devrait être renouvelé toutes les huit minutes, en supposant encore que la consommation de feuilles est un peu diminuée et par suite de ce système d'éducation.

Ainsi nous arrivons aux règles suivantes :

Pour résister à une touffe dans une magnanerie, il faut pour l'éducation :

De 30 jours, renouvellement de l'air en ONZE minut.
De 25 » » en NEUF et DEMI m.
De 20 » » en HUIT minut.

Les considérations et les conséquences que nous venons d'exposer jettent une vive lumière sur toutes les questions de la ventilation des magnaneries.

On voit de suite pourquoi une complète salubrité a été, jusqu'ici, si difficile à obtenir dans ces établissemens. La masse d'air à mettre en mouvement dans un atelier de quelque importance devient énorme ! On sent par quelle raison de petites éducations, dans de grands locaux, ont presque toujours réussi. — Pourquoi les éducations où beaucoup de vers sont réunis dans un petit espace ont, au contraire, très-peu de chances de succès. — On peut apprécier immédiatement l'illusion de M. Vasseur qui penserait pouvoir élever deux fois plus de vers dans la même enceinte, sans accroître la puissance du tarare et de la cheminée d'appel et de tout l'ensemble de l'appareil de ventilation. Comme si le mouvement des tables fesait disparaître les émanations dues aux fonctions organiques des vers ! A conditions égales, dans la ventilation, il est bien clair que les bons effets du mouvement des tables disparaîtront dès que les vers seront réunis en plus grand nombre, dans le même espace. Il n'y aurait moyen d'y parer, qu'en accroissant proportionnellement l'énergie de la circulation de l'air : et cet accroissement, passé certaines limites, sera très-difficile. Il faudrait ou faire des planchers entièrement à jour, ou donner, au courant d'air, une vitesse double ou triple de celle donnée jusqu'ici ! Trop de rapidité dans le mouvement ne finirait-il pas par nuire ? Voilà bien des doutes et des difficultés de pratique ! Le calcul, la prudence et la raison exigent qu'en adoptant le système des tables mobiles on se garde de resserrer l'espace destiné à un nombre donné de vers. Il ne faut pas perdre tout l'avantage d'un système, en l'exagérant.

On conclut encore, des mêmes données, que les exhalaisons méphytiques des magnaneries sont toujours plus abondantes dans les éducations accélérées. — C'est pourquoi la salubrité et par suite le succès est alors bien plus difficile à obtenir. — Toutes circonstances égales d'ailleurs, dans la température et l'humidité de l'atmosphère extérieure, la ventilation doit être d'autant plus énergique que la durée de l'éducation est moins longue : en d'autres termes, il est indispensable que *l'énergie de la ventilation soit en raison inverse de la durée de l'éducation*.

Mais lorsque les circonstances ne sont pas les mêmes, lorsque l'air extérieur est plus chaud et plus rapproché du terme de saturation de vapeur d'eau; lorsqu'il est à un degré élevé d'humidité, alors la ventilation doit croître encore en activité. Chaque volume d'air ne peut enlever alors qu'une quantité bien plus petite de vapeur d'eau transpirée, il faut donc augmenter la quantité d'air en circulation, pour parvenir à entraîner la même masse de miasmes humides. — D'où cette règle : *la puissance de la ventilation doit croître rapidement, lorsque l'air à faire circuler dans la magnanerie est à la fois plus chaud et plus humide.*

Notez encore que la résistance éprouvée soit au tarare soit à la cheminée d'appel, qui mettent l'air en mouvement, devient plus considérable lorsque la température et l'hygrométrie extérieure s'élèvent plus haut.

Ainsi sont mis à nu tous les obstacles que produisent les touffes du midi : en même temps apparaît l'efficacité du meilleur remède contre ce mal : une plus puissante circulation de l'air rendu le plus sec possible.

Dans le nord, la difficulté n'est pas du même ordre; l'air extérieur n'est jamais aussi chaud que celui de la magnanerie; aussi cet air fût-il très-humide, déjà, dès l'instant qu'on peut l'échauffer, il devient capable d'absorber de nouvelles vapeurs. — Ainsi il suffit d'avoir à le chauffer pour le rendre salubre. — D'autre part, l'air plus chaud tend toujours à circuler naturellement de bas en haut. — Ainsi dans le nord, c'est le calorifère qui fournit à la fois les moyens de salubrité et de circulation. C'est sur la chambre d'air chaud que l'attention doit alors se fixer principalement : le calorifère doit augmenter en dimensions et en puissance.

De là ces deux grandes divisions :

La partie dominante du système de ventilation est :

— Pour le midi, dans le réservoir de l'air frais.

— Dans la cheminée d'appel ou le tarare.

— Pour le nord, dans la chambre d'air chaud.

Enfin le dernier terme de toute cette discussion est que

dans le midi, il faut faire circuler un volume d'air bien plus considérable que dans le nord. — Mais par une de ces compensations toujours douces à observer, les locaux bien ventilés sont appelés dans le midi à rendre des services et plus signalés et plus généraux.

Les appareils de ventilation ont-ils été calculés de manière à produire toute la quantité d'effet indiquée par la théorie précédente?

Dans les dandolières il a été déjà, depuis plusieurs années, prouvé surabondamment par l'expérience et la théorie que la ventilation était insuffisante; établie par des orifices dont le nombre, la position, et les dimensions n'avaient rien de calculé, elle donnait nécessairement une répartition inégale de l'air salubre.

La seule cause du mouvement de l'air étant due à la différence de poids de l'air frais extérieur avec l'air intérieur plus chaud, le moteur allait s'affaiblissant à mesure que la température et l'humidité extérieure devenaient plus grandes; c'est-à-dire, que la circulation de l'air décroissait précisément à mesure qu'il était besoin de l'augmenter.

En deux mots:

1° Inégalité de distribution de l'air et de la température dans la magnanerie;

2° Insuffisance de la ventilation d'autant plus grande que le besoin était plus pressant;

3° Résultats trés-incomplets donnés par les cheminées d'appel placées aux angles de la magnanerie, cheminées dont l'usage était d'un danger terrible.

Voilà les caractéres essentiels inhérens au système de ventilation Dandolo.

Avec l'ensemble de l'appareil de M. Darcet, l'égalité de distribution de l'air et de la chaleur est presque complète. Les orifices multipliés et déterminés de position et de grandeur, de manière à disséminer convenablement l'air, atteignent le but avec un degré d'approximation bien plus remarquable.

Enfin, un moteur mécanique ou une cheminée d'appel permettent de créer la circulation de l'air, même dans les circonstances où la température et l'humidité extérieures ne permettraient pas de l'obtenir.

Avec l'appareil Darcet, la ventilation ne manque jamais. Il y a donc dans la conception de M. Darcet de quoi satisfaire à tous les besoins; mais en pratique, cette ventilation est-elle toujours suffisante? Hâtons-nous de dire qu'elle pourrait toujours le devenir, avec des dimensions convenables de l'appareil; mais que ces dimensions ne lui ont pas été données, parce que M. Darcet n'avait pas encore pu connaître exactement la mesure des besoins des magnaneries méridionales, telle que nous venons de la poser par le calcul et l'expérience.

Dans ses premières constructions, il était parti de l'hypothèse que l'air des magnaneries doit être renouvelé toutes les *demi-heures*. Les appareils établis sur cette donnée réussirent parfaitement dans le nord, où les touffes sont inconnues, et où la chambre d'air chaud avait à jouer le rôle principal; mais dans le midi, quelques magnaneries ventilées avec un appareil calculé exactement d'après ce principe, ont eu une ventilation incomplète. C'est qu'ici c'était ou le tarare ou la cheminée d'appel qui devenaient la partie dominante de l'appareil; comme nous l'avons déjà dit, il fallait tripler les dimensions des gaines.

M. Darcet a annoncé cette année, à la suite du rapport de M. Henri Bourdon, que le renouvellement de l'air, dans le midi, doit être complet à chaque quart-d'heure. — Mais il ne va pas assez loin encore, puisque nos calculs démontrent qu'il est indispensable de renouveler l'air toutes les neuf à dix minutes, dans les momens de touffe, et dans les éducations de 25 jours. Aussi, tous les appareils de circulation de l'air qui ont eu le plus de succès chez M. Sisteron aux Arcs, chez M. Robert à Ste.-Tulle, avait-on donné aux gaines conductrices de l'air des dimensions doubles, et quelquefois plus que doubles, des chiffres indiqués par la formule Darcet. M. Eugène Robert, dans tous les appareils dont il a donné les dimensions, a doublé ou triplé la largeur des gaines que le calcul rigoureux aurait assignée.

En agissant ainsi, une espèce d'instinct a guidé les praticiens vers le vrai, et l'on peut dire maintenant que le calcul théorique vient sanctionner leur pratique, en la réduisant en règle rationnelle.

Mais l'élargissement des gaines n'est qu'une partie de la question, une chose encore restera à faire : ce sera de donner à la construction du tarare et de la cheminée d'appel la disposition convenable pour commander le mouvement de toute cette masse d'air.

Lorsque la cheminée d'appel peut être construite de manière à suffire au mouvement de toute la masse d'air, nous croyons que cela est certainement bien préférable dans les ateliers qui sont privés d'un moteur pour mettre en jeu un tarare.

Mais jusqu'ici, il faut l'avouer, la cheminée d'appel

n'a été que d'un faible secours. M. Darcet, en conseillant de placer le foyer dans le bas de la cheminée pour écarter toute chance d'incendie, savait parfaitement qu'il lui donnait ainsi une action bien moins énergique que si elle eût été placée directement au-dessus du local occupé par les vers à soie.

Pourquoi cette crainte ?

Des chances d'incendie existent très-bien aussi dans la chambre d'air chaud, et cependant aucun accident n'a été signalé. Qu'on n'hésite donc pas à établir le foyer d'appel au-dessus des vers à soie; qu'on l'alimente avec l'air vicié sortant de la chambre d'éducation; qu'on y jette pour combustible des fascines, des bruyères, de la paille elle-même, et il se produira instantanément une absorption d'air dans la chambre des vers, et un mouvement énergique sera imprimé à toute l'atmosphère intérieure. Avec une cheminée haute de dix mètres seulement, avec des matières très-inflammables, on pourra aisément et rapidement produire un courant d'air de plus de 2 mètres par seconde ; par conséquent en donnant à la cheminée une section égale à la section de toutes les gaines, on aura là une ressource assurée contre toutes les touffes.

Pour être mieux garanti de toute chance d'inflammation dans l'atelier par l'effet du refoulement de la flamme du foyer d'appel, on garnira le canal qui injecte l'air des gaines dans le foyer d'appel, de deux écrans en toile métallique pareille à celle employée dans la lampe de sûreté des mineurs.

Le foyer doit être garni de briques bâties avec de l'argile, et de nombreux trous sépareront en plusieurs points le massif du foyer du reste de la construction.

Le tarare offrait, dans sa primitive construction, une imperfection grave ; lançant l'air dans un canal dont l'orifice ne correspondait qu'au quart de la circonférence extérieure des ailes, il ne donnait qu'un quart de l'effet apparent correspondant à sa vitesse.

Depuis il y a un perfectionnement, on a enlevé toute la garniture extérieure, d'après le conseil de M. Combes.

Néanmoins, le tarare sans garniture, mais à ailes droites, est encore une machine très-imparfaite. L'air qui s'échappe de l'appareil, de la même manière que la boue est lancée par la roue d'une voiture marchant avec vitesse, fuit tangentiellement à la circonférence du tarare, mais il est choqué, à sa sortie, par les ailes qui recoupent brusquement cette circonférence. Or, le choc est un vice de construction pour une machine, parce qu'il est toujours une source de pertes.

L'auteur de la théorie mathématique du tarare, M. Combes, y a ajouté de nouveaux perfectionnemens. Son tarare est composé de deux disques en bois, l'un immobile, l'autre mobile armé d'ailes en tôle, dont la courbure est calculée de manière à abandonner l'air sans choc et sans perte de force, tangentiellement à la surface de la roue.

Le tarare de M. Combes est l'expression mathématique de la machine qui doit mettre le plus d'air en mouvement avec la moindre force. Un tarare de 1 mèt. 25 cent., fesant 114 tours à la minute, peut enlever 86400 mèt. cub. en 24 heures ; il peut suffire à une magnanerie de 18 à 20 onces ; mais il offre encore un inconvénient pratique : les deux disques roulant l'un sur l'autre doivent se toucher partout exactement, sans frottement dur. Quelle que soit la perfection de la construction première, le jeu du bois, exposé à des variations d'humidité et de chaleur, ne manquera pas d'avoir lieu, surtout dans le midi, le tarare sera bientôt aux réparations : dans les campagnes et les opérations rapides, il faut éviter les réparations délicates.

Un tarare tout en fer vaudrait mieux, mais il serait trop cher. Le plus parfait des tarares, à nos yeux, est celui qui sera composé de deux disques invariablement unis, formant un seul corps, comme le tarare primitif débarrassé de sa fermeture, mais avec des ailes formées de deux à trois pièces de bois, dont la plus éloignée de l'axe serait très-rapprochée de la tangente à la circonférence extrême ; ce sera une approximation suffisante, en pratique, des effets du tarare breveté, et il y aura économie d'achat et d'entretien.

On doit lui donner des dimensions plus fortes que celles assignées par M. Darcet. Avoir établi un bon tarare n'est pas suffisant ; il faut avoir un moteur qui ne manque pas dans les momens de besoins urgens, et qui ait toute la puissance convenable.

Le service du tarare fait par des hommes immédiatement appliqués à le mettre en rotation, a donné des résultats insuffisans et péniblement obtenus. Pour mettre en mouvement continu un tarare bien construit, il faut au moins cinq hommes, et l'on sera obligé même d'en employer huit dès qu'il y aura construction moins parfaite, ou frottement un peu dur ; il s'agit ici d'un tarare de 1 m. 25 c. de diamètre, appliqué aux besoins d'une magnanerie de 18 onces.

Dans la magnanerie de 8 onces de M. Robert à Ste-Tulle, la peine était si grande, qu'il fallait donner au tarare un jeu discontinu. Les tarares qui ont le mieux fonctionné, sont ceux qui ont été desservis par des chutes d'eau; tel est celui de M. Jean-Baptiste Bonnet, près d'Apt. Lorsque la chute d'eau lui manquait et qu'il était obligé de mettre son tarare en jeu d'hommes, la circulation de l'air n'était pas parfaite, l'atmosphère de la chambrée se viciait très-sensiblement. M. Camille Beauvais fait mouvoir son tarare par un cheval attelé à un manége; ce moyen devra toujours être employé dans l'absence d'une chute d'eau et dans une magnanerie de quelque importance. Un manége coûte toujours à établir au moins 800 fr.; mais cette machine peut être utilisée de mille manières dans une grande ferme.

Dans les momens où l'éducation est finie, il existe des matières à triturer ou à découper à la meule; on peut encore employer la force du manége soit au tirage et au dévidage des soies, soit à la fabrication de l'huile dans les pays d'oliviers, soit à la pulvérisation des garances. Il y a toujours moyen d'en tirer parti. — Des hommes montant d'heure en heure un poids que mettrait en mouvement le tarare, à l'aide d'un système de rouages pareil au tourne-broche, fourniraient un autre moyen d'obtenir l'effet désiré. Ce sera là à quoi il faudra se résigner, si l'on est forcé de renoncer, soit au cours d'eau, soit au manége: mais un mécanisme agissant avec assez de puissance et pendant au moins une heure, exigera toujours en frais d'achat et de pose, au moins le quart et quelquefois la moitié de ce que coûterait un manége; il offrira, en outre, la chance d'être aisément dérangé, très-difficile à réparer dans des lieux éloignés des grandes villes. — Ces inconvéniens sont graves, lorsqu'il s'agit de mettre en mouvement l'agent d'où dépend, essentiellement et avant tout, le succès d'une éducation de vers à soie dans le midi.

Un manége sera toujours plus facile à construire, plus économique à entretenir, plus utile pendant le reste de l'année, et surtout un moteur plus sûr dans la crise d'une touffe.

Il n'y a pas lieu à hésiter, ceux qui ne peuvent placer leur magnanerie auprès d'une chute d'eau, doivent, à très-peu d'exceptions près, préférer le manége à tout autre moyen de mouvoir le tarare.

Néanmoins encore malgré les plus sages précautions, le tarare peut faillir : car la plus simple et la meilleure machine peut toujours être momentanément hors de service.

Il faut avoir toujours une voie de salut ouverte: une cheminée d'appel dont le foyer soit placé au-dessus de l'atelier et de dimensions égales à la somme des sections des gaines doit toujours être construite. — Alors il y aura un double système d'issues, et indépendamment de la ventilation du tarare, la cheminée d'appel pourrait seule suffire à tout les besoins de la magnanerie.

Nous devions avant tout insister sur les moyens d'assurer l'énergique circulation d'air non échauffé qu'exigent nos touffes méridionales.

Mais on ne doit pas oublier que l'une des dispositions les plus convenables pour faciliter et rendre plus efficace ce courant d'air actif, est d'avoir dans une cave une voûte souterraine, un puits, ou tout autre réservoir d'air frais dont on puise extraire tout l'air que les besoins de la saison exigeront. — On a trop négligé sous ce rapport les conseils donnés depuis deux ans. — Mais le réservoir souterrain ne pourra pas donner longtemps de l'air frais si on ne peut pas établir dans sa longueur des linges que l'eau vienne constamment mouiller. Heureux ceux qui pourront disposer pour cet objet d'un canal souterrain parcouru par une source dans laquelle des linges viendront tremper constamment! — Il faut que l'air s'introduise dans le souterrain aussi froid et aussi sec que possible (1). Dans ce but, on peut le faire passer sur des matières siccatives comme de la terre argileuse qui vient d'être brûlée ou de la chaux vive. On doit tout disposer de façon pour que le trajet de l'air soit aussi prolongé que possible. On pourrait le faire revenir et aller sur lui-même, mais toujours de manière à le tenir aussi rapproché que possible des parois: car ce sont les parois qui sont toujours la partie la plus froide.

Un puits peut rendre les mêmes services.

Mais, si l'on avait de la glace, tout cela serait simplifié, le courant d'air entrant dans la magnanerie passerait à travers un panier plein de glace, comme cela a été mis en pratique à Viviers, dans la magnanerie de M. de Lafarge.

Dans toutes les parties montagneuses de la Provence l'emploi de la glace peut être fait toutes les fois qu'on prendra, à l'avance, les précautions indispensables; dans les vallées où l'approvisionnement de glace est impossible à faire et difficile à

---

(1) De l'air sec pris à 20° et projeté sous forme de courant sur du linge mouillé détermine une absorption de chaleur par l'évaporation qui fait baisser la température de 11° 8, en sorte que l'air n'est plus qu'à 8° 2. De l'air à 24° se ramène ainsi à 10° 60.

conserver, il faudra recourir au procédé des caves garnies de linges mouillés.

Mais qu'on n'oublie pas que ces énergiques et précieuses ressources doivent être surtout ménagées pour la fin de l'éducation.

A toutes les précautions déjà exposées, d'autres encore doivent être ajoutées dans le choix du local et dans le système d'alimentation. Il faut dans les vallées méridionales préférer, pour les magnaneries, les emplacemens élevés, ceux dont l'atmosphère ordinairement pure, sèche et salubre est agitée par les vents froids : les plateaux ou les coteaux penchant au nord ou à l'ouest, par exemple.

Les brouillards et les miasmes ne sauraient être trop évités et lorsqu'on y est forcément exposé, on ne saurait trop prendre de précautions pour annuler leur influence.

Sur les hauteurs de 400 et mêmes 600 mètres les vers à soie éprouvent une ventilation naturelle, qui dispense d'une foule de précautions : on jouit alors des avantages réunis du nord et du midi.

Pendant les deux années 1837 et 1838, nous avons été constamment frappés de la différence de production que donnaient nos éducations faites par des mégers à Lincel, près Forcalquier, et à Corbière près Manosque. Dans cette dernière localité, exposée aux miasmes fébriles et aux brouillards qui suivent la Durance, les résultats ont été constamment moitié moindre qu'à Lincel, pays découvert et plus élevé que Corbière de 150 à 200 mètres.

Le choix de l'alimentation est aussi d'une haute importance ; les feuilles des pays hauts sont moins aqueuses et plus nutritives. Puisque c'est vers la fin de l'éducation que les vers à soie fournissent le plus d'exhalaisons et qu'alors la ventilation doit être opérée sur la plus grande échelle et devient plus difficile, au moins faut-il réserver pour cette période la feuille la moins imprégnée d'eau. Parmi les mûriers dont on pourra disposer, ceux qui croissent sur les coteaux les plus élevés et les plus secs, devront être dépouillés les derniers. Peut-être dans le moment de touffe conviendrait-il de donner même une feuille très-déséchée. L'air qui est aspiré de la magnanerie vers le tarare pourrait être employé pour enlever l'humidité des feuilles. Il suffit que les gaines supérieures débouchent dans une chambre bien fermée et disposée *ad hoc*.

Nous avons assez insisté sur la ventilation *froide*, c'est celle destinée à rafraîchir et assainir l'atmosphère des vers. Nous pensons en avoir assez dit pour que l'on soit convaincu de la haute importance qu'il y a à commencer à s'assurer qu'elle sera la première et la plus complétement réalisée.

Avant tout, donnez de l'air pur : le tarare et la cheminée d'appel, doivent être établis tout d'abord dans la magnanerie méridionale ; c'est le premier des progrès à installer.

La ventilation chaude est destinée à fournir l'air qui doit maintenir la magnanerie à une température convenable ; lorsque l'atmosphère extérieure est trop froide, l'air s'échauffe en arrivant dans une chambre garnie d'un ou plusieurs poêles. C'est un magasin d'air chaud que l'on entretient ainsi.

Les dimensions de la chambre d'air chaud doivent être calculés d'après le degré de chaleur à fournir à la masse d'air que traverse la magnanerie; le moment où il faut le plus d'air, est comme nous l'avons dit dans les derniers jours du cinquième âge ; à cette époque, qui peut être assignée entre le 10 et le 30 juin, dans les pays méridionaux, l'air extérieur est encore à 10° dans les journées les plus froides. De sorte qu'il faut élever la température de la magnanerie seulement de 8° à 10° si l'éducation se fait à 18 ou 20° dans la magnanerie.

Dans les expériences faites par M. Robert à Ste.-Tulle, sa chambre d'air chaud présentant quelques vices de construction inséparables d'un essai pour lequel il manquait de modèles, n'a pas dépassé 120° R.: l'air d'une pareille chambre chaude peut donc élever :

De 10 à 22° 9 fois son volume;
» 20° 11 fois autant d'air qu'elle en contient.
» 18° environ 14 fois son volume.
» 16° » 20 »

Or, la capacité de la magnanerie est nécessairement déterminée par le volume d'air que la chambre d'air chaud peut amener à la température convenable; donc pour une éducation hâtive la chambre d'air chaud aura le *neuvième* de la capacité de la magnanerie. Pour une éducation à la Dandolo, la chambre d'air chaud pourra être *vingt fois* plus petite que la magnanerie. M. Robert a donné à sa chambre d'air chaud le onzième de sa magnanerie; d'un autre côté, M. Darcet, en fournissant le plan de la magnanerie modèle de Villemouble, a arrêté la capacité de la chambre d'air chaud au *vingtième* de l'atelier d'éducation; à plus forte raison, dans les vallées basses du midi où la température extérieure, vers la fin de l'éducation, est de 12° au minimum; et lorsque le calorifère sera bien construit, on pourra adopter cette dernière proportion, mais dans les parties hautes de la Provence et du Languedoc on devra donner à la chambre d'air chaud, du *neuvième* au *quinzième* de la capacité de la magnanerie. Voici les précautions essentielles à prendre dans les constructions du calorifère. Lorsque le calorifère est fermé par des cloisons en plâtre celles-ci ne tardent pas à s'ouvrir sur plusieurs points, toutes les fuites placées vers le haut donnent issue à une partie de l'air chauffé. De plus, les cloisons perdent beaucoup de chaleur par le rayonnement; le plâtre en livrant de l'eau à vaporiser donne lui-même une perte notable de calorique. Les cloisons en plâtre ne doivent pas être adoptées. Il faut employer à cet effet des briques bâties avec de l'argile.

A 15 ou 20 centimètres de la première enceinte on peut en établir une deuxième. Celle-ci pourra être en plâtre et très-mince. Elle ne sera plus guère exposée aux fendillemens, et ceux-ci auront peu d'inconvéniens. Une double enceinte permettra d'obtenir plus promptement une haute température. C'est ainsi que l'on réduira le calorifère à occuper le moindre espace possible, parce qu'il produira plus d'effet, à exiger moins de frais d'entretien et à consommer le moins de combustible que possible.

Enfin un dernier avantage résultera de cette disposition, la circulation de l'air chaud sera plus active, parce que celle-ci sera prise à une température plus élevée. On pourra plus sûrement se dispenser de l'emploi, soit du tarare, soit de la cheminée d'appel, toutes les fois qu'il n'y aura pas inconvénient à élever la température de l'atelier seulement d'un demi-degré. Dans le modèle en relief des magnaneries salubres, le poêle de chauffage est disposé en forme de rectangle pour disperser la chaleur dans le colorifère. On doit rendre les branches horizontales aussi longues possible, et faire parcourir aux tuyaux du poêle toute la longueur et la hauteur de la chambre.

La chambre d'air chaud doit offrir la plus grande capacité possible sous la moindre surface. C'est la surface qui absorbe et fait perdre une partie de la chaleur à utiliser. Il faut éviter qu'il y ait des parties où l'air serait trop éloigné des tuyaux de chauffage ; il vaut mieux que la chambre soit allongée dans le sens vertical que dans la direction horizontale. Lorsque l'on emploie pour combustible de la houille sulfureuse, du lignite ou de la tourbe, les fumées entraînent un goudron très-infect et chargé d'acide, dont les émanations pourraient nuire aux vers à soie. Ce goudron corrode le fer des tuyaux, s'amasse et se fait jour dans les parties horizontales. On évitera cet inconvénient en donnant aux tuyaux une direction toujours ascendante, ils formeront ainsi un losange surbaissé dans le sens vertical. Les parties huileuses et sulfureuses seront reversées dans le poêle, où elles viendront se décomposer. Il sera toujours bon d'imiter cette disposition même dans le cas où l'on brûle des combustibles exempts de soufre.

D'après les calculs théoriques, la consommation journalière de combustible dépend de la quantité de calorique à ajouter à l'air extérieur, pour l'amener à la température de la magnanerie, et de la quantité d'air infectée. Dans les derniers jours d'une magnanerie de 8 onces, il faudra par jour, au moins :

45 kilog. houille
ou 90 » de lignite ou de bois.

En admettant que la température doit être élevée de la température initiale de 10° R. à celui de 20°.

Dans les chambres d'air qui offriront quelque disposition vicieuse, la consommation pourra être double ou triple.

Les précautions que nous venons d'indiquer

doivent, à notre avis, assurer le succès de la ventilation dans les magnaneries nouvelles. Mais là où il faudrait remédier aux inconvéniens d'une construction déjà faite, comment compléter une ventilation imparfaite.

A Faventine, près Valence, un appareil Darcet avait été établi sur des dimensions et avec un ensemble de dispositions qui ne permettaient pas de résister aux touffes. On a pratiqué de nombreuses trappes et des cheminées aux 4 angles de l'appartement, conformément aux préceptes de Dandolo; et dans le moment de la touffe, on a ouvert à l'air extérieur, toutes les issues dont on pouvait disposer. On a sagement fait en amenant de l'air extérieur, à tout prix. Mais on a cru pouvoir tirer, de cette circonstance, des inductions contre les principes mêmes de l'appareil Darcet : en ceci on s'est laissé entraîner à des préventions injustes, ou au désir de modifier et peut être d'innover. L'appareil Darcet a été insuffisant, parce qu'il avait été mal établi.

1.° Il n'y avait pas de réservoir d'air frais.

2.° Les gaines étaient trop étroites.

3.° Le tarare n'avait pas assez de puissance.

Il fallait un remède à ces inconvéniens; on pouvait établir de nouvelles gaines et créer une bonne cheminée d'appel au-dessus de la magnanerie et à côté du tarare, ou même se procurer un réservoir d'air frais, en creusant un puits, même peu profond, dans l'enceinte de la magnanerie; puits que l'on aurait provisoirement boisé et recouvert avec des planches. A défaut de puits une galerie dans le terrain environnant (1).

---

(1) Le creusement d'une galerie dans la terre ordinaire, dans un terrain solide et sec comme il l'est ordinairement à la mi-juin, ne coûte guères que 5 à 6 fr. le mètre cube. On peut, plus simplement

Ou bien encore le premier tarare étant insuffisant, en faire un sesond de mêmes dimensions. L'air des gaines appelé avec une vitesse double, aurait suppléé par là au peu de largeur des canaux destinés à le faire affluer.

Voilà un assez bon nombre de moyens de résoudre la difficulté en restant dans le même système de constructions.

Le succès eût été certain ; la preuve en est, dans les expériences de M. de Lafarge, à Viviers, qui a pu vaincre les touffes, parce qu'il avait de l'air frais à l'aide de son réfrigérant ; la preuve en est dans les résultats de M. Sisteron (département du Var) qui, placé sur un terrain très-défavorable et dans un climat plus chaud que la Drôme, a traversé la touffe sans inconvénient, parce qu'il avait des gaines très-larges.

N'eût-il pas été aussi peu dispendieux et moins dangereux d'établir une seule bonne cheminée d'appel, au-dessus de la magnanerie, que de faire les quatre cheminées aux angles d'une chambre toute garnie de matières combustibles ?

Qu'est-ce en définitive, d'ailleurs, que cette ventilation due à l'absorption de foyers placés sur le sol de la magnanerie même ? Cela fait-il bien circuler l'air dans les parties hautes ? Tandis que si l'air eût été extrait par le haut et introduit par le bas, toutes les parties de la salle auraient ressenti le bienfait de la ventilation.

Entre deux gaines déjà posées, il est facile d'en

---

encore, faire une tranchée de 2 mètres de profondeur, que l'on recouvre de bois, de feuillages, et dans laquelle l'air circulerait pour se rafraîchir. Avec 100 fr. on se créerait en 10 jours, un réservoir d'air frais de 20 mètres de long. Plus tard on l'arrangerait d'une manière plus durable.

créer à l'instant une nouvelle, et unissant les deux gaines par des toiles couvertes, en papier collé, et maintenues par des bois, de distance en distance, on ouvrirait ensuite autant d'ouvertures qu'on le voudrait.

Les moyens prompts de créer à peu de frais de nouveaux canaux pour l'air ne manquaient pas: il fallait les tenter avant d'accuser les principes. Entre tous les moyens d'atteindre le but, on devait toutes choses égales préférer ceux qui produiraient le résultat le plus complet avec le plus d'économie et de sécurité.

Il est temps d'en finir avec ce qui est vicieux, ce qui est contraire au progrès; on doit se rapprocher le plus possible de la perfection, et se garder de comparer le système de construction Darcet mal appliqué, avec une dandolière bien exécutée : il y a toujours moyen d'augmenter la force de la ventilation ; et en se tenant dans la bonne voie, l'amélioration est plus complète. Les querelles d'homme à homme, de contrée à contrée doivent cesser; il n'y a là qu'une noble chose à faire : c'est de chercher partout le vrai et le meilleur avec la pensée de l'ajouter au bien. Chaque imperfection découverte doit être un pas vers la perfection. Ayons toujours pour premier devoir de rendre hommage à M. Camille Beauvais et à M. Darcet ; gloire à eux, les premiers auteurs de nos progrès!

Nous venons de voir en résumé :

1° Que dans le midi c'est l'énergie de la ventilation froide qui constitue le premier besoin.

2° Que l'air dans les magnaneries méridionales doit être renouvelé toutes les dix minutes. Les gaines doivent avoir par suite des dimensions triples de celles d'abord indiquées dans la première formule de M. Darcet.

3° Que la cheminée d'appel doit avoir son foyer au-dessus de l'atelier de l'éducation, avec garniture en toile métallique pour éviter l'incendie.

4° Qu'il faut adjoindre à une bonne cheminée d'appel la puissance d'un tarare mu par une chute d'eau ou un manége.

5° Que le réservoir d'air frais ne doit jamais être omis.

6 Que la chambre d'air chaud doit avoir le neuvième ou le vingtième de la magnanerie, suivant que la région où l'on s'établit est plus ou moins rapprochée du midi.

7° Que l'enceinte de la chambre d'air chaud et la position des tuyaux exige quelques précautions essentielles.

6° Que lorsque la magnanerie n'est pas ventilée assez puissamment, parce que l'appareil n'aura pas les dimensions convenables, il sera toujours facile ou de créer de nouvelles gaines ou de faire appeler l'air avec plus de force par une cheminée ou le tarare, ou de se créer rapidement un réservoir d'air frais. Que dans tous les cas il faudra tout sacrifier à la nécessité d'avoir une bonne ventilation, et que tout doit être combiné et exécuté pour atteindre ce but.

S'il y a quelquefois de la peine à augmenter l'énergie d'une ventilation mal établie en principe, il nous paraît facile de préparer dans une construction nouvelle une puissante ventilation à peu de frais; nous exposerons nos idées à ce sujet lorsque nous aurons achevé notre maison de campagne dont toutes les pièces doivent être ventilées.

La ventilation des magnaneries s'applique en ce moment à Paris au séchage du bois, à l'assainissement des hôpitaux ; bientôt les vœux que nous émettions, les espérances que nous formions sur l'utilité élevée des établissemens ventilés, seront remplies ! Nous terminons tous nos écrits sur cette matière avec la douce confiance d'avoir travaillé sur un sujet éminemment utile. Nous serons satisfait lorsque nous aurons pu bien faire sentir combien de peines et de difficultés on peut s'épargner par une bonne ventilation. Nous voudrions surtout que l'on pût bien savoir tous les avantages que peut offrir une magnanerie salubre pour d'autres opérations agricoles ! On s'est grandement préoccupé d'alimenter et de nourrir, et l'on a oublié que l'air pur est le plus indispensable des alimens !

H. De Villeneuve.

www.ingramcontent.com/pod-product-compliance
Ingram Content Group UK Ltd.
Pitfield, Milton Keynes, MK11 3LW, UK
UKHW022122260726
13993UKWH00003B/1187